幸福空间设计师丛书

台湾当红设计师案例精选 ①

幸福空间编辑部 编著

清華大学出版社

北京

内 容 简 介

本书由中国台湾幸福空间网站（www.hhh.com.tw）根据网站点击数和客户推荐遴选出的30个设计公司的家装设计案例精编而成，全书精选了39位设计师的30个优质案例，包括简约、古典、北欧、美式、休闲等多种风格。更可贵的是，书中所有案例均有设计师本人进行解说，并辅之以超过200幅美图示范，保证了内容的真实性、专业性和权威性。通过阅读本书，读者如身临其境当代室内设计前沿，感受到其极具现代感的台湾家居风情。

本书适合于专业室内设计师、家装从业者，以及室内设计相关专业学生和有家装需求的读者使用。

图书在版编目（CIP）数据

台湾当红设计师案例精选01 / 幸福空间编辑部编著. 一北京：清华大学出版社，2016
（幸福空间设计师丛书）
ISBN 978-7-302-44338-4

Ⅰ. ①台… Ⅱ. ①幸… Ⅲ. ①室内装饰设计—作品集—中国—现代 Ⅳ. ①TU238

中国版本图书馆CIP数据核字（2016）第166595号

责任编辑：王金柱
封面设计：王　翔
责任校对：闫秀华
责任印制：王静怡

出版发行：清华大学出版社
　　　　　网　　　址：http://www.tup.com.cn，http://www.wqbook.com
　　　　　地　　　址：北京清华大学学研大厦A座　　　　　邮　　　编：100084
　　　　　社 总 机：010-62770175　　　　　　　　　　　邮　　　购：010-62786544
　　　　　投稿与读者服务：010-62776969，c-service@tup.tsinghua.edu.cn
　　　　　质量反馈：010-62772015，zhiliang@tup.tsinghua.edu.cn
印 刷 者：北京天颖印刷有限公司
经　　销：全国新华书店
开　　本：213mm×223mm　　　　印　张：12.5　　　　字　数：350千字
版　　次：2016年9月第1版　　　　　　　　　　　　　　印　次：2016年9月第1次印刷
印　　数：1~3000
定　　价：59.00元

产品编号：063816-01

Living
a Beautiful Life

用 幸 福 的 设 计
为 生 活 增 添 更 多 美 好 图片提供／尚艺室内设计

这本书，是我们幸福空间网站特别为30位室内优秀设计师推出的系列讲座课程的结集。

我们根据幸福空间官网（www.hhh.com.tw）的浏览率及观众的推荐，在数百位设计师中遴选出30位人气超高的观众最爱设计师；当然，除了网友们的点击率做保证，我们还在几次的采访中惊喜地发现，这30位设计师在装修完工后，大多会收到业主充满感激的小卡片，在这个充满不安全感甚至信任度低落的年代，这种业主与设计师之前的信任，对于双方来说都是相当感人的诗篇与回忆，就设计师来说，也因为这样的到位与贴心，他们自然拥有了不少的忠实粉丝。

为了延续这份美好与感动，幸福空间编辑部特地为这30位设计师推出了系列讲座，除了无保留地放送装修知识，更重要的是，我们希望准备装修的您，或是目前居家环境遇到难解小状况的，都可以在此找到有价值的解答与方案。

最后，预祝大家阅读愉快，享受美好是人生一大乐事，更是一种必须的态度。

幸福空间编辑部

台湾当红设计师案例精选

Contents

八宽设计 孙晟澔

Custom Classic

手造人文·低调品味经典

　　阳光肆意地洒落，微风轻拂在人与艺术的界面，深邃得宜且大方的动静转折，轻松且自然地跳脱常规格局，静逸朗阔的氛围是大空间住宅的艺术。孙晟澔设计总监对于品味质感有着超乎常人的敏锐嗅觉，擅长艺术人文及现代风格的氛围塑造，在看似风格一致的作品中，埋入了因不同的环境、空间、居住者的贴心设计与细节，通过设计反应着社会价值及生活模式。

　　越来越多的业主崇尚现代简约和纾压的居住空间，某种程度也反映了现代社会忙碌的紧绷状态，人们都在追求生活上的静谧与安定。本案孙晟澔总监灵活运用现有框架、引入自然光影、温润稳定的色调材质，完整的调性赋予空间穿透感及层次感，打造出属于房主动静皆宜、低调内敛的品味人生。

自然、空间、生活
Natural, Spacial, Life Style

Case Data

坐落位置／新北市•新店区
空间面积／158㎡
格局规划／玄关、客厅、厨房、卧室×4、储藏室、阳台
主要建材／钢琴烤漆、蜂巢帘、铁艺、黑玻、大理石

流动　　　本案中房主的女儿们都已成家，夫妻希望能保留四个房间的数量，供女儿们假日回家团聚；在不减少房间数及满足每位使用者需求的情况下，达到无论是两人还是四人居住都能有流畅、灵活且自由的感受。孙晟澔设计总监考虑到自然光源、空间、生活的紧密关系，将原客房与厨房进行调整，形成了开放式的客厅、餐厅及厨房空间，开阔的空间感受拉近了彼此间的互动和情感。

引景　　中岛与客厅之间，以冂字型架构着过渡铁框，引入的是生活场景，更是一家人的温馨记忆。一旁顺着过道延伸的整排展示柜，无论是阅读人文，还是艺术品欣赏，都宛若置身艺廊空间，静静地享受那走动的风景。

Design Point
设计重点

1. 由中岛餐桌、客厅、廊道所串联出的是一种 "自由平面" 的流动感。

2. 利用柜子厚度与天花板降板跳接深色铁艺，创造出框景的深邃效果。

3. 刻意拉宽10cm的廊道，创造出一幅幅走动的风景，如置身艺廊。

大琚空间设计　许有森

得奖记录
荣获2012年第二届幸福空间亚洲设计奖【乡村休闲组-杰出设计奖】
国宅变身乡村风 小夫妻甜蜜宅

Interactive Space
唤醒人与空间的对话

细心倾听使用者的心愿及对家居生活的需求,用无限的创意想象配合专业的建议,以提供给使用者更舒适、更优质的住家空间为宗旨,希望为空间注入使用者独特且专属的生命力,唤醒人与空间微妙的共鸣与感动,找到属于自己驻留的归属感与安定感。

在设计上,许有森总监强调"风格呈现的背后,比例的分配更加重要。"相较于单一风格的表现,他更爱因风格不同所激荡出的意外美感;无论是古典与现代,简约与奢华,互相交融、混搭,不同风格的搭配加上独具巧妙的比例分配,常会带来许多意外的惊喜,让空间设计更具独特性。

将美学思维细腻深入生活,再以精灵般的巧妙构思灵活呈现,许有森的作品总是让人为之惊艳。对于美感与空间设计,总充满源源不绝的热情与想法,并在讲究人体工程学及动线流畅度的基础上,以期达到人与空间自在对话、彼此滋养,创造出独具个人风格的舒适尺度。

美式纯净小白宫

White House

Case Data

坐落位置／台北市
空间面积／125㎡
格局规划／玄关、客厅、餐厅、厨房、储藏室、
客浴、书房、主卧室、儿童房×2
主要建材／木作、线板、喷漆、玻璃、壁纸

以白宫为主题风格的创意，许有森设计师希望能在纯净庄重的氛围情境中，维持平易近人的空间质感。融入中式格局的进房概念，以"进"做铺陈，自玄关"序曲"来到端景的"导论"区域，塑造出空间的安定感与韵律层次。

公共区域中，空间感的包覆性与穿透视野间，设计师重新拿捏空间比例，以达到最佳呈现。

Design Point
设计重点

1. 电视墙的后方配置风格浓郁的美式餐柜，从卧室走出来，形成视觉第一焦点。

2. 书房门以玻璃为材质，化解廊道的封闭窒碍，顺势 "收取" 一室幸福暖意。

3. 主卧室色系延续公共区域的白净基调，腰线之上以壁纸增加空间的温润质感。

大湖森林室内空间设计 柯竹书／杨爱莲

得奖记录

荣获2010年TAID住宅空间类银奖——四季、风动、容器

荣获2010年TAID办公空间类银奖——打开地下长屋

荣获2012年第2届"幸福空间两岸四地设计交流大赏"现代时尚组杰出设计奖——森呼吸•简单生活日光宅，以及2012年优质设计奖

荣获2013年乡村休闲组优质设计奖＋创意设计奖——日光•回流•林森北路袁公馆

Art · Deco Design

现代 · 装置 · 艺术 · 设计

"以森林为主题，让我们在家也可以森呼吸，回家就是一种享受。"打造一个可以"森呼吸"的家，是大湖森林一贯的设计初表，在繁忙水泥丛林中净化出一片都市绿洲的概念，让居家空间充满"自然、采光、换气"，看似简单的字面寓意，却是在室内设计中难以达到的返璞归真。

柯竹书与杨爱莲设计师认为，住宅是容纳生活的容器，可通过素朴材质混搭现代极简元素，并打破人与自然的隔阂，让室内空间与自然环境进行对话，无论是晴天、雨天、绿意或是红叶的季节，在室内空间里，都能感受到时刻变化的光影，体验生活与自然的跃动。

架构了空气对流、自然无压的生活空间，再通过精湛的装置艺术线条与材质表现，大湖森林让艺术结合设计，巧妙融入生活，幻化为居住者的灵魂养分，以最舒适自然的状态，感知艺术，享受生活。

Case Data

坐落位置／台中市

空间面积／218㎡

格局规划／玄关、客厅、餐厅、厨房、书房、主卧室、男孩房、女孩房、卫浴X4、更衣室

主要建材／石材、石板、木皮、木地板、灰镜、玻璃

Green Life

绿色生活概念空间

大湖森林设计依循原始屋况条件引入日光凉风，运用大量原生素材上的自然肌理，构筑与天地相融的空间架构，并适度融入设计师款家饰，通过风格元素的冲撞，平衡冲突之美，再将四景色彩施加到功能独立的私人领域中，在扰攘杂沓的城市中心，构筑了一片自然质朴的森林绿洲。

让微风缓缓流动，感受轻触肌肤微渗的汗水，让阳光洒落一室的金黄，慵懒无声地缓缓游动……点一盏灯微光里满城的灯火尽入眼帘……

Design Point

1. 用冂字型轮廓形成上旋式的风洞效应，给予通风对流的设计基础。

2. 在素材与风格概念的冲撞中，架构比例平衡的美学冲突。

3. 在独立区域内运用色彩表现自然四季风景。

Design
Notes

天涵空间设计有限公司 杨书林

Tailored Design

为有故事的您·创造有故事的家

"享受生活，品味设计 ，成就健康人文的贴心好宅 "！天涵设计用心把每一位客户的居家都当作自己的家设计，从居住空间、商业空间、视觉艺术到广告企划，多元化跨界的设计团队，为客户构思许多兼顾功能使用与美感的独特空间设计，让每一位客户都能够骄傲地说："这是属于我的独一无二的家"。

天涵空间设计的作品范围横跨两岸，多元的设计履历让每个项目都能呈现丰富的广度与深度。杨书林设计师在面对房主时，就像一位心理咨询师，充分了解成员的生活习惯、功能需求，耐心的聆听和充分的沟通，使得在每个微小环节中，都能架构出家的理想蓝图。

他提到，"通过每一次的交流过程，尝试满足业主不同的功能需求，让自己也能跟着成长。""我喜欢房主准备了满满的功课来找我，因为这代表房主重视、在乎他的房子。""有投入参与，才会有所期待，真正让人感动的空间，是房主和设计师共同努力的成果！"

BrightHouse

俯拾是景～敞心的透明好宅

Case Data

坐落位置／台北市

空间面积／165㎡

格局规划／玄关、客厅、餐厅、厨房、主卧室、长
　　　　　辈房、女儿房、厕所×2

主要建材／暮光大理石、灰姑娘大理石、手工贴银
　　　　　箔、铁艺烤漆、天涵定制设计灯、KD水
　　　　　波纹木皮、云母石薄片石板、意大利进
　　　　　口造型砖、胡桃实木家具、进口全牛皮
　　　　　沙发、星光LED豆灯、天涵定制家具

塑造一处敞心明亮的小天地，让内部的人与空间产生依存的对话，并运用干净色调与清透材质，完美诠释房主希望的明亮与透明感美宅。另一个设计重点是收纳的规划与购置，设计师将房主原先495㎡的收纳量，整合在现在的150㎡之内，充分利用空间的尺度，展现设计团队的精湛功力。

客、餐厅通过家私与材质的搭配，推演出完美而精致的生活态度；

电视墙面更以大理石与银箔，体现低调奢华感。

Design Point
设计重点

1. 长条拼色大理石地板呈现恢弘质感，端景柜以黑玻搭配木皮，增添区域的细腻度。

2. 设计师将天花板做到最高，放大空间面积，并以切割的线条营造延伸感。

3. 独家设计、定制融合西洋美学的东方屏风，是餐厅中的一大亮点。

Humanism Quality
从人本出发创造优质好生活

单纯、真挚的眼神和语气，是对曾诗纭总监的第一印象，也是烙印在客户心中最贴心、温暖的室内设计师形象。"独特的客人、独特的设计"是她用来砥砺自己，也勉励同事的座右铭，在曾诗纭总监的心中，"人本"是绝对的设计初衷，但要真的做到换位思考，站在居住者的立场想，必须通过良好的互动、有效的沟通来减少认知差异，才能达成好设计。

对客户的贴心服务，不仅止于图面上的规划及实际入场施作，甚至在房主入住多年后，还会接到多年前合作的房主来电，询问维修事宜或家具地毯的保养、清洁技巧，曾诗纭总监认为："好的服务自然会口耳相传，不怕麻烦才能赢来好声誉。"如果条件许可，她也会建议房主，尽量选用低甲醛的环保建材，或增加通风设备，健康舒适的居家环境，才能住得安心长久。

对于未来的设计梦想，曾诗纭总监希望不仅是在室内设计的部分，而是从建筑外观开始，一砖一瓦地为房主砌筑梦想美宅，她说："这条路虽然挑战与困难度高，但绝对很有成就感！"

Elegant Life

对比设色 铺叙优雅质感生活

Case Data

坐落位置／桃园•南崁
空间面积／314㎡
格局规划／玄关、客厅、餐厅、厨房、书房、起
居室、主卧室、儿童房×2、卫浴
主要建材／木皮、大理石、铁艺、特殊玻璃

大面落地窗外日光洒落，明亮平行的客、餐厅动线，改以开放式规划的轻食吧台区，更由视线延伸拉长横向区域。隐藏门后方的私人领域，改以浅色木作与柔和光晕映衬，营造轻松写意的温馨优雅，在对比色系中，则跳出私人领域截然不同的空间氛围与质感。

沉稳内敛的深色公共空间，与婉约细致的浅色私人空间，通过对比设色，铺叙优雅质感生活。

Design Point

设计重点

1. 在深色公共区域点缀现代感浅色家私，构筑优雅大方的质感表情。

2. 开放规划的公共空间，由视线延伸拉长横向区域。

3. 深色与浅色对比出设计层次。

禾境室内设计有限公司　丁名训

Create a Happy Atmosphere

幸福人居空间的创造者

在设计中，总是呈现"和谐"与"内涵"概念的设计师丁名训，带领我们走出过度装饰的迷思，进入设计的真正本质。毕业于北科大建筑系，先在建筑事务所工作，之后转入室内设计领域，至今已具有17年的丰富经历，他的建筑专业背景，让空间更有整体感，也能掌握大方向、讲究小细节，充分获得房主的信任。

设计师丁名训看重"以人为本"，目的是为改善房主的生活素质，让生活变得更方便快捷、灵活有序。在乎每一位房主的需求，用沟通及细腻的观察力，快速抓住业主想要的元素，实现梦想之家。他提到，追求极致的过程是辛苦的，需要付出难以计量的心力，然而有了客户的支持与肯定，一切都是值得的。

设计师在任何时候都不会停顿自己的设计，丁名训说，不断寻找灵感、创作新的意念，从构思到设计，要灵活、客观和耐心，看看周围环境，想想人们的生活模式，考虑事物对心理的影响，然后辨别客户的实际需要，分析空间的布排，从而做出最好的方案。

他认为："在设计中，实用和美观是同等重要的，我们不是艺术家，但我们可以用艺术的手法来做实用的东西。"好的设计必须展现出特色及优势，并从使用者的角度出发，满足各项功能需求，才能真正成就房主的梦想居宅。

Nordic Life

引光漫入 挹注北欧质韵

Case Data

坐落位置／台北市
空间面积／165㎡
格局规划／玄关、客厅、餐厅、厨房、主卧
　　　　　室、儿童房×2
主要建材／壁布、黑镜、木地板、色漆、板岩
　　　　　砖、大理石材、木作、木皮

一气呵成的开放动线，串起功能格局的合理关系。绝佳尺度的开窗设计，循序汇流自然纯透的温馨暖度。厅区背景墙以绷皮构成的错落线条，铺陈内敛沉稳的主题性格。由活动桌板置换出不同以往的享食形式，可随着人数变化做水平前后调整。

引入温婉柔和的采光，把注轻淡随兴的北欧悠活，
摒除过度刻意的媒材装饰，回归空间本质的舒适感受。

Design Point
设计重点

1. 简化多余的隔屏切割，改以开放的顺畅动线，串接一室功能关系。
2. 主卧室铺述温润质感，简约清淡的彩度搭配，塑造自在纾压的卧眠氛围。
3. 廊道部分采取实用性质的展示书柜，顺势瓦解长廊形成的局促感受。

台湾镓醒设计工程有限公司（珈诚）
熊品钧／张逸钧／陈昤咏／李季远

得奖记录
2014 年台湾优良产品评选活动，荣获最佳空间美学设计奖
2014 年台湾优良产品评选活动，荣获台湾杰出室内设计大奖

Vitality Space

赋予空间生命力

空间规划的目的，是将行为概念及生活尺度做完美结合，让空间不再是冰冷的水泥结构，而是符合生活行为的人性空间；让每个角落都成为生活的一部分，而不再成为必须隐忍的一种生活习惯。

设计的宗旨是赋予空间生命力，通过不同的设计手法来表现，让空间自己诉说它的风情，而生命的来源则是出自使用者的需求及寄望，不受风格的自我设限，唯有细心聆听、体贴思量、不厌其烦地沟通，才能激荡出空间的美好。

每一个成功的作品，都是需要坚强的专业团队以及热诚的服务，镓醒引以为傲的除了每位成员的专业本质，更具备了100%的服务精神，以服务为本的态度，让设计规划更符合需求，让繁琐的施工过程变得珍贵有意义，而售后服务的落实更是达成了100%的服务。

镓醒设计团队成立于2009年，由张逸钧执行总监及工程部李光耀副总带领专业团队着手空间设计规划及施工监管服务，并以室内装修更细致的思维参与承接建设公司的建筑规划及工程管理等事务。

Texture of Life

记忆成长的温度　老宅重生记

Case Data

坐落位置／新北市•汐止区

空间面积／99 ㎡

格局规划／玄关、客厅、餐厅、厨房、书房、
主卧室、儿童房×2、卫浴×2

主要建材／钢刷天然橡木、石皮、铁艺、乐补
清水模修饰砂浆、超耐磨木地板、
雾面石英砖、黑板漆、水泥漆、水
性环保漆

镓醒设计以复古文青气息"进驻"本案，并以简约手法诠释混搭精神。大幅度修改过的格局，客厅迎光面化作小朋友眺望大尖山景的开放式阅读区，亦作为由外入室的缓冲界线，原本串联空间的冗长过道，通过乐补清水模修，饰砂浆建材与随性的镘刀纹理在立面延伸，丰富了单一色彩变化。

细节处，动线一隅纳入成长趣味，在厨房拉门旁安排一块黑板区，成就小朋友最自在挥洒的成长记忆。

Design Point
设计重点

1. 客厅舍弃常规式玄关可能带来的视线分割，设计师反以客厅与书房作为视觉缓冲，让玄关功能自然在区域中界定、成形。

2. 设计团队通过将次、主卧关系彼此对调，挪用旧有的主卧部分空间给予餐厅使用，创造出全家团聚、舒适的用餐区域。

3. 原始屋况中仅有一间不敷使用的卫浴，经延伸调整后，也有了客卫与主卧卫浴的灵活弹性，满足一家四口功能需求的幸福期待。

自游空间设计工程 刘国尧

Sense of Stability

严选材质·创造无负担的安定感

通过人文精神的传递，将业主对于生活的需求、特质，明白地在空间线面中表现出来，让轻松、自然化为空间格调，给予区域舒适无负担的安定，是自游空间设计工程刘国尧对于设计再简单不过的原点与初心。

为了创造出具有安全感的居家空间，除了专业与细心的规划之外，对于材质的严格选择也是自游空间设计工程的坚持，待客如己的服务质量，加上将空间与使用者紧密结合的设计，让房主开启空间的那一刻，就能真切地感受到梦想实践，也延伸了家与人的微妙关系，并同时体验着刘国尧设计师无微不至的用心。

如果悠游自在的生活是您的期待，那么，一个充满梦想的家想必就是那一个动能基石，操刀过多场商业空间、展场设计的刘国尧，肯定会用耳目一新的感动，让你体验与过往截然不同的生活想象与步调。无论如何，相信这些都是一个很不错的开始。

Calm Home

可塑性强的沉稳居家

Case Data

坐落位置／台北市

空间面积／317㎡

格局规划／客厅、厨房、餐厅、卧室、工作室×2

主要建材／钢刷柚木、黑云大理石、银狐石、黑金石

本案房主是一对老夫妻，因信任刘国尧设计师的专业，将毛坯房全权交由其来设计安排，完工后入住，一开始没有特别的感觉，但经过两、三个月后，越发感受到这沉稳内敛的居家风格，不但可以让人情绪获得安抚，久坐也不会烦燥，进而产生了对家的依恋。

整体空间色彩，不脱黑、灰和温润的木质色调，散发着浓厚的人文气质。

Design Point

设计重点

1. 客厅旁特别挑选当代艺术家书法字画真迹，强化风格的同时提升增值效益。

2. 餐、厨之间选择以拉门为界定，可独立亦可视情况开放，赋予弹性可能。

3. 书房动线以玻璃开门取代实木，达到区域划分空间和光线穿透的双重效果。

Design
Notes 阿曼空间设计 王光宇

Comprehensive Customer Oriented

以人为本・设计始终来自于在乎

阿曼空间设计相信"设计始终来自于在乎",在乎顾客内心的想法,在乎与生活息息相关的习惯、需求及物质创造。在室内设计上,王光宇设计师总是以人为出发点,从最初的聆听沟通到建设阶段,不断地为顾客找到每一个难题的解决方案,去芜存菁,使居家成为一个完全以人性为导向的贴心空间。以顾客为中心的设计提案,让格局、动线及功能三大方面都符合理想,其真正价值也在入住新家的过程中发酵,慢慢发现原来生活可以很轻松,很享受。

多年累积下来的专业经验,让王光宇设计师能快速掌握设计与工程细节,站在实用的角度为顾客解决功能问题,进而提升未来生活质量。当生活本质的需求全面满足后,王光宇设计师更从人的兴趣与喜好分析,融入自然、人文艺术、道德与情感,在空间里注入更多美学语言,让室内设计跳脱华丽流俗的面貌,变得与居住者有更深层、密不可分的连接,自然而然在生活中产生共鸣,真实传达出主人家的个性品位。而阿曼空间设计所拥有的高效率、高质量的装修工程团队,更能解除顾客的疑虑,在王光宇设计师的严苛把关之下,住宅不只成为一种卓绝品味的象征,其以人性化为核心旨趣的设计方针,更能创造安心友善的生活环境,找到务实及美学之间的完美平衡。

Mansion Evolution

家族共享 低调奢华度假宅

Case Data

坐落位置／台中

空间面积／165㎡

格局规划／玄关、客厅、餐厅、厨房、卧室×3

主要建材／洞石、石材、木作烤漆、雷射雕刻玻璃、贝壳马赛克、皮革、壁纸

本案为2~3年的新房，房主因不满意原先的装修质感，在年前找到阿曼设计为其操刀，期盼能够赶在农历年节前完工，让4个归国子女在新房中相聚，共享新年团圆气氛。极度压缩的时间内，王光宇设计师仅打通了客厅与餐厅间的实墙，让拥有超优采光的豪宅更显宽敞，并以 "利用简单的材料转换，创造高规格精品生活" 的基础概念，打造本案内敛奢华的生活氛围。

在有限的工程时间内，营造家庭共享的奢华度假宅，闪耀的名家风采下，其实更动人的是这个家凝聚了全家人的情感。

Design Point
设计重点

1. 精准掌握工程进度，通过简单的材质转换，创造房主期待的生活氛围。

2. 以简约的空间基底搭配巴洛克风格家具，展露气质又保持细腻精致。

3. 拆除客、餐厅之间的实墙，让空间不仅变得明亮敞朗，也有助于家人互动。

Design Notes 杰玛室内设计 游杰腾

得奖记录

荣获2012年第二届幸福空间亚洲设计奖
【现代时尚组-银奖】— 光影露台
荣获2012-2013年第八届中国国际建筑装饰年度室内设计十大新锐人物

- 《旅行的终点_HOME》— 新生北 谢公馆
- 《光影露台》— 阿曼仁爱 林公馆
- 《"A" Square House》— 环山 黄公馆
- 《松•定境》— 重庆北 吴公馆

荣获2012~2013年第八届中国国际建筑装饰年度室内设计百强人物

- 《旅行的终点_HOME》— 新生北 谢公馆
- 《光影露台》— 阿曼仁爱 林公馆
- 《"A" Square House》— 环山 黄公馆
- 《松•定境》— 重庆北 吴公馆

荣获2013年国际空间设计大奖—Idea-Tops艾特奖最佳公寓设计入围奖

- 《明镜台》— 入围作品 阿曼仁爱 林公馆
- 《松•定境》— 入围作品 重庆北 吴公馆
- 《"A" Square House》— 入围作品 环山 黄公馆
- 《松•定境》— 重庆北 吴公馆

Cozy
Harmony
Delicate

好宅观·有温度与故事的巢设计

在许多人的印象中，豪宅的基本构成要素似乎就是要有名贵、稀有的材质，而且整体风格华丽。不过，杰玛室内设计提出的豪宅观，实际上更贴近一种"好宅"概念，游杰腾设计师认为，室内设计应该从最基本的生活起居开始，设计者通过与使用者之间的交流，充分考虑到不同使用者的家庭背景、性格喜好与多年习惯对整个设计的细微影响。室内设计的根本，是提供居住者一个舒适、好使用的空间，需在基础架构完善的基础上，进一步表达美感与空间价值。

房子无时无刻有种晒过太阳的温暖，这是游杰腾设计师作品中的共同点。不追求满满的、令人无法自在呼吸的设计，他认为温暖舒服的色调，以及专为居住者而生的动线和功能，才是住宅应该具备的核心元素。每一次的设计与思考中，居住者的故事性，往往会成为游杰腾在设计构思时的一大亮点。他会将居住者的人生大小事、旅游回忆、私人收藏及爱好，转化成设计元素融入生活环境中，使居家与人有了融洽且紧密的连接。以"人"为所有设计的出发点，任何细微的习惯都不放过，如果你看到杰玛室内设计的作品，第一印象绝对不会是技巧的绚丽，而是身历其境，格局、动线、功能的体贴与契合，还有那温暖满溢的生活感与幸福氛围。

转折 重生

Transition

DESIGN

Transition Rebirth

Case Data

坐落位置／台北市

空间面积／116㎡

格局规划／玄关、客厅、餐厅、厨房、阳台、多功
能体憩区、工作房、卧室×2、卫浴×2

主要建材／玻璃砖、木作、文化石、烤漆、茶镜

坐落于台北市30年的老房子，如何打开原先的幽暗采光，是本案翻新的首要课题。杰玛室内设计的游杰腾设计师，巧妙利用材质和格局规划，取舍出使用频率高的主空间，定位于拥有最多光线的区域，再通过借光的设计技巧，把自然光分享到没有采光的空间中。

优先考虑空间里的光线和空气，尽量维持开放形式的格局，让阳光延伸、空气流通，让心情感到放松。

Design Point
设计重点

1. 开放式格局中，以半高吧台取代传统实墙阻隔，赋予空间全新生命。

2. 恰到好处的高度拿捏，不牺牲沙发后背的安定感，也不影响视觉延伸。

3. 餐厅使用玻璃砖与温润木纹交织，酝酿明亮闲适的享食氛围。

4. 使用木质格栅，展现恬淡幽静的日式禅意，更让空间保持穿透和连贯。

尚艺室内设计有限公司 俞佳宏

得奖记录
荣获2014年香港亚太设计奖
荣获2014年香港亚洲最具影响力设计奖
荣获2014年德国IF设计奖 传达设计奖 — 国美方公馆
荣获2013年上海金外滩大奖
荣 获 亚 太 区 室 内 设 计 大 奖 （ A P I D A , A s i a P a c i f i c Interior Design Awards）— 松德路国美方公馆 墨方 居住空间 （Living Space）
荣获年度家居空间大奖 — 新生南廖宅
荣获第十一届2013年现代装饰国际传媒奖
荣获2013年第三届幸福空间亚洲设计奖【现代时尚组-铜奖】
荣获2012年得利设计大赏佳作 《衍伸》— 通化街 谢公馆
荣获2012年深圳中国现代装饰国际传媒奖 — 年度居家空间大奖入围
荣获2012年好宅配大金设计大赏
荣获2012年深圳艾特奖提名奖
荣获2012年北京晶麒麟奖优秀奖
• 《墨方》— 国美国家美术馆 方公馆
荣获2012年台湾室内大奖 TID Award — 商业空间类/ TID奖
荣获2012年台湾室内设计大奖 TID Award — 居住空间类/单层 TID奖
荣获2012年第二届幸福空间亚洲设计奖【现代时尚组-优良设计奖】
— 豪宅气度 零压感自然
荣获2011年好宅配大金设计大赏
设计菁英组 铜奖 — 阳明山过院来 蔡公馆
荣获2011年台湾室内设计大奖 TID Award — 商业空间类/ TID奖入围
荣获2011年台湾室内设计大奖 TID Award — 居住空间类/复层 TID奖

Design Taste

设计品味·品味设计

将"时尚"与"艺术"结合，是15年前尚艺室内设计的起始。凭借着对于设计的坚持与热情，尚艺室内设计屡获国内外重量级客户信任，更赢得国际间多项大奖。

不同于一般设计的繁复与华丽，俞佳宏的设计以简单、纯粹为灵魂主轴，通过本质的美好，清楚架构空间线条与动线，如同他所喜爱的摄影，让空间里一步一景、亦步亦景之间，勾勒着艺术化的生活画面。

即便今日，标志型住宅或商业空间里皆可见其作品，俞佳宏还是秉持设计不应该只是追求表象的美观，更重要的是贴近人性的需求，体现房主的生活态度，而其所擅长的"减法"式思维，更进一步在空间里减掉了多余的色彩、饰品，在控制视觉平衡的同时，也简化了不必要的量体存在，不仅还原了空间的干净度，更给予居住者真正游刃有余的自在。

"设计品味，品味设计"，是俞佳宏的设计态度，也是给予房主的新生活美学。

　　将盘多磨的齐整素面，以无接缝的手作肌理，铺陈人文知性的内敛品味。在不锈钢的利落构面之下，蕴含着厨具设备与暗门的巧妙构思，并维持简约清爽的格局视野，而空间另一景，衬以特殊颜色的空心砖堆叠，赋予客厅主墙细腻别致的质感脉络。

Club Atmosphere

开阔空间尺度 营造居家会所氛围

Case Data

坐落位置／高雄　　　　　　　空间面积／231㎡

格局规划／玄关、客厅、餐厅、厨房、书房、和室、主卧室、次卧室×2

主要建材／不锈钢、盘多磨、木格栅、空心砖、灰镜、铁木、板岩、烤漆玻璃、铁艺

通过材质温度、天花板折面的转折延续，架构出双十轴线功能关系，完美演绎起居生活场景。

Design Point
设计重点

1. 运用材质转折与局部灯带引导，呈现轻量化的视觉质量。

2. 特殊颜色的空心砖与不锈钢件框定出机柜收纳，构成视觉主题的丰富张力。

3. 考虑到使用者的视线高度与采光，将书桌座位迎向和室，呈现别致的现代禅意。

珈成室内设计事务所 Teresa Shen

Fashion and Beauty

西学中用·时尚美学的化身

毕业于Fashion Institute Of Design And Merch-Los Angeles Los Angeles CA（简称F.I.D.M.设计管理学院）的Teresa Shen，除了室内设计的基础养成外，更因为学校拥有美国西部最大、最专业的流行时尚数据库，加上位于加州洛杉矶这个时尚、商业设计重镇，她能接触到世界最顶尖的设计潮流趋势，并拥有加州CITY DESIGN 设计公司与台湾建筑师事务所、室内设计公司多年的从业经验，相较于其他室内设计师，Teresa Shen具备了更多现代设计观念与实践经验。

在珈成设计的室内设计作品中，不难看见新古典与时尚美学的结合，总能从现代利落的线条中，通过搭配灯光、镜面等元素，增色丰富空间，并通过经典的古典设计元素，在居家空间中表述美感与质感的具象呈现。

对于设计，Teresa Shen坚持"成功的设计乃是打造完满的居家住宅"的信念，强调以客为尊，至始秉着一颗热诚的心为客户服务，不管客户有任何需求，都希望以最认真的态度、最完美的设计、最快的速度及最实在的价格去满足客户。

Case Data

坐落位置／新北市

空间面积／188㎡

格局规划／玄关、客厅、餐厅、厨房、开放式书房、主卧室、次卧室、男孩房、卫浴×2

主要建材／超耐磨木地板、镜面、烤漆、石材、壁纸

Build Quality

一步一景 砌筑上质之美

新古典风情的蔓延中，点缀时尚奢华的视觉元素，于灯光、镜面的烘衬之下，重新定义室内量体，Teresa设计师以电视墙的半开放界定手法，串联开阔舒适的区域关系，更在展现媒材混搭技巧的书架轻盈转折中，纳入艺术展示功能，创造一步一景的居家享受。

时尚利落的现代线条，结合灯光、镜面等晶灿元素，从点、线、面角度烘托优雅细致的新古典氛围。

Design Point
设计重点

1. 设计者拆除厨房一墙，以吧台重启空间对话，塑造家庭的交流核心。

2. 以电视墙的半开放界定手法，串联开阔舒适的区域关系。

3. 灯光与镜面的相辅相成，增添利落时尚之感。

4. 以化零为整的概念，运用造型线条隐藏暗门存在，成就干净画面。

Design
Notes
昱承室内设计 洪华山

Have a Happy Home

在家享受幸福

九年前，一次居家作品的发表，其到位而优雅的居家美式轮廓，掳获了许多房主的目光，截至今日，美式古典风格俨然成为昱承室内设计予人最直接的联想。随着时间的推演，设计的精进，设计师洪华山表示，设计师本身除了要具有让客户深感满意的专业度外，还要细致地提供定制化的服务，例如，家具、软件的挑选及布置，而这些都是昱承室内设计的贴心服务。

为了在生活中获取源源不绝的灵感，翻阅国外杂志、观赏电影也是设计师洪华山的小秘诀，像珊卓布拉克主演的《攻其不备》（The Blind Side），剧中宅邸便是洪华山认为"好漂亮的房子"，而《二十七件礼服的秘密》（27 Dresses）里，洪华山则看见居家色彩的大胆，而他所笑称的"职业病"，在生活中意外为他撷取了许多意想不到的创作素材。

同时，"在家就是要享受幸福"也是昱承室内设计对于设计的初衷，回忆某一案子的合作，竟缘起于女主人七年前翻阅杂志时所许下的心愿，完工时男主人一句"我每天都迫不急待想回家"，或许就是昱承设计对于幸福的最佳批注。

光影配色 仿若国外美式大宅

Case Data

坐落位置／新北市·新店区

空间面积／495㎡

3楼：双主卧套房、书房

主要建材／实木线板、低甲醛木料建材（柚木贴皮染色）、ICI无毒环保漆、古典系统家具（板材E1V313）、超耐磨木地板（新古典橡木）、帝诺大理石、黑金锋大理石、紫罗兰大理石、厨房调色烤漆玻璃、进口壁纸及窗帘布、LED灯具、TOTO卫浴设备、锻造楼梯栏杆及柚木扶手

坐拥地理与建筑优势的三层楼独栋别墅，规划时刻意预留下了三面采光的敞朗，光影与视野穿透，让房主可舒适、优雅地体验度假时光，同时，客餐厅地带以白色壁炉电视柜作为分界，流畅的环状动线让光线拼贴上了色彩，层次丰富，带动了空间的宽敞度。

纯白色的美式基底里，加入藕紫、天空蓝、鹅黄及特调的红，色彩丰富，令人目不暇接，仿佛置身于国外美式大宅。

Design Point
设计重点

1. 将原来沙发与电视墙的位置对换、创造出流畅的双动线，拉开生活的舒适距离。

2. 立面规划时预留下无滞碍的采光面，让光影流动自然带出穿透性的视野。

3. 对流所经之处排除家具的阻挡可能，营造通风良好的舒适环境。

春雨时尚空间设计 周建志／陈维林

得奖记录
荣获2013年第三届幸福空间亚洲设计奖【乡村休闲组-金奖】
• 《幸福集散地 — 南台湾的地道北欧风情》

From the Heart

从心出发・打造温馨动人居家

"善于营造美式、北欧、田园等风格的春雨设计团队，以极为严谨而细致的专业及经验，将完整的日本收纳概念、欧美温馨休闲，转化为适合台湾人居住的区域表现，将生活态度、人文功能、美学概念引领至其中。"网络媒体的崛起，只要通过几个关键字就可以搜到各种资源，对于居家装潢的需求，也从基本的实用功能发展到对各种风格的追逐，但地域性与文化的差异，并不适宜每个人对住家的需求。"回到家最原始的概念，就是可以在这个环境里，有家人温暖的关怀与得到充分的休憩。"基于这样的概念出发，周建志设计师的作品，总能在各种风格的诠释中，找到家的温馨表情。

在地狭人稠的台湾，功能强大的收纳设计是绝对必须的重要选项，同时还必须让收纳符合人性与使用习惯，又能兼顾美感等多重功能，春雨时尚空间设计总能站在房主的立场，规划出最适合的收纳动线，让家不只是美仑美奂的观赏样本间，也是从心出发，让人感动的贴心住宅。

Case Data

坐落位置／高雄

空间面积／76㎡

格局规划／客厅、餐厅、厨房、书房、主卧
室、儿童房、卫浴×2

主要建材／文化石、组合柜

Nordic Style

南台湾的地道北欧风情

从门口处延伸的白色木作天花板，经过大梁与吊隐冷气转折出三折式的斜屋顶线条，循着文化石、秋香木色墙面与以横竖交错拼贴的木纹地板线条进入室内，北国居家的设计架构，从家具、窗帘、灯饰及饰品等软装细节出发，打造一室南台湾的北欧风情。

早已让暖阳晒干的木块整齐堆叠在一旁，壁炉里的柴薪
也准备就绪，等着晚归的主人点燃满室暖意……

Design Point
设计重点

1. 斜屋顶、文化石墙与造型壁炉，构筑北欧风格基底。
2. 从家具、窗帘、灯饰及饰品等软装细节出发，让北欧风情更加到位。
3. 木作半拱书房门与内嵌在壁面的造型书架，让每个角落都充满味道。

Fashion Concept

精品概念·时尚新美学

　　源自精品概念的居家空间设计，取决于古典繁复与现代利落间的层次转化。陈谊设计师期待跨越风格界线，将质韵化于设计力度之中，跳脱三度空间的思维框架，酝酿值得反复咀嚼的当代经典。"以美随形"的功能破题，让实用性与造型美感无一偏废，将生活经验融于各个空间细节中，创造出转景效果般的主题设定。勇于尝试的性格特质，表露于材质的选搭与运用上，大胆而突破的工艺呈现，取决于对工程质量的严苛坚持。贴心考虑到每一位居住者的生活习惯，营造舒适兼顾安全的友善环境。

　　历经多个大型商业空间的设计监造，同时参与知名建筑的接待会馆与现房规划，充分了解消费者对于空间运用的由衷期望，为业主创造出丰富多元的附加价值。设计项目包含室内装修、软装布置、产品设计，甚至是个性化家具的定制服务，凭借着对于时尚美感的敏锐嗅觉，让皇御苑整合室内设计"由点至面"的风格规划，得到强而有力的支持基础。

Hermes Style

专属时尚 爱马仕精品宅

Case Data

坐落位置／高雄

空间面积／320㎡

格局规划／玄关、客厅、餐厅、厨房、主卧室、次卧室×2、书房

主要建材／卡拉拉白大理石、灰镜喷砂、灰玻璃、木地板、皮革

"以爱马仕精品般的风格质感，打造出专属的时尚舞台。"陈谊设计师顺应居住人口简单的作息需求，采取3+1房的功能规划，除配置夫妻俩人共享的大主卧，还规划出了长辈房和客房。

将房主收藏的精绣丝巾裱框处理，置入客厅背景墙，以绣纹元素延伸至两侧的灰镜喷砂，呈现出精工质感的高雅品位。

Design Point
设计重点

1. 以卡拉拉白大理石作为厅区主景，适度的灰玻搭配让视线得到延伸。

2. 一应俱全的大主卧格局，提供了完整齐备的作息需求。

3. 仿佛精品橱窗般的更衣室规划，让每一处功能细节都值得再三品味。

Design Notes 研棠设计工程有限公司　庄昱宸

From the Heart

用心体验生命力的延续

从助理开始入行的庄昱宸设计师，历经扎实的设计师养成过程洗礼，蜕变成全方位的顶尖室内设计师，他认为，一名好的设计师，脑中应该内置一套3D绘图软件，"房间门一打开，我的图就出来了，设计就是导入人先进去"，庄昱宸自信的说着。除了内在对视觉设计的敏锐度，庄昱宸的设计灵感，来自于俯拾即是的生活细节，如从人体姿势、部位所衍生的设计想法，观察眼眸设计而来的商业空间许愿池，人体线条的住家窗幔等，通过"举一反三"的观察敏锐度，让任何"美"都能变成注入居家设计的重要环节。

从"心"出发的设计，是研棠设计团队对于设计的原动力。以人文精神为基石，从细腻设计的角度出发，让无限热情通过每个经手的线面，使空间不再只是单纯人造环境的呈现。研棠设计团队里的每个成员，对设计永远充满着热情及满满的使命感，用"心体验生命力的延续"也是研棠设计团队一直坚持的空间价值。

Green House

日光辉映　无敏绿住家

Case Data

坐落位置／新北市•新店区

空间面积／198㎡

格局规划／1F：玄关、客厅、餐厅、厨房、书房×2、卫浴

2F：主卧室、女孩房、客房×2、更衣室×2、多功能房

主要建材／钢刷木皮、柚木集层材、黑铁镭射雕刻粉烤、页岩板、
黑橄榄、观音石、复古手刮板、橡木、意大利进口板岩
砖、茶镜、茶玻

讲究自然简约的设计表情，研棠设计运用木与石元素铺叙，并通过格局调整，构筑日光清朗的空间样貌。另外，考虑到房主家人体质过敏的问题，仅以推油表现木质原色，同时选择环保绿建材，并在入场前进行一次除甲醛处理，从内而外打造无敏健康、乐活的绿住家。

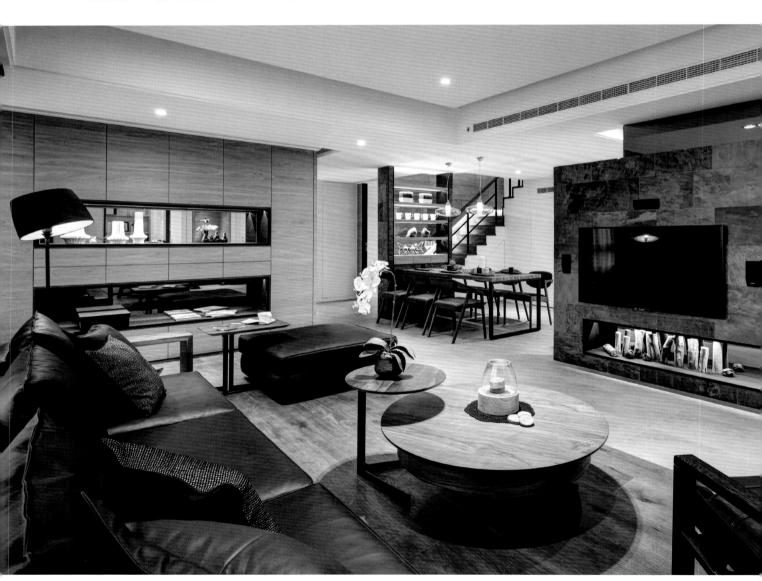

通过各功能空间的视线与动线串联，在日光净透中，结合绿建材选用与除甲醛处理，打造舒心乐活居宅。

Design Point
设计重点

1. 通过格局调整，在长形格局中规划气流贯通、日光明亮的敞亮住家。
2. 考虑到居住者会过敏的健康问题，使用环保绿建材并全室除甲醛。
3. 依照居住成员的功能需求，打造给予专属的设计空间。

People Oriented

以人为本·淬炼满分设计

　　突破材质与格局的既有印象，成就令人惊艳的空间作品。不画地自限的情境设定，造就了多样性的空间品味，例如低调奢华、功能简约、现代前卫、日式禅风、韩流时尚、人文知性、乡村休闲及新古典风格，皆能完美地诠释浓郁而到位的空间表情，同时处处可见设计者匠心独运的美学涵养，毫无保留的恣意挥洒。

　　秉承"以人为本"的设计初衷，让居所空间不再止于"动线"与"构面"的结构关系，而是"回忆"与"生活"的深度交流。以"敬业、专业、乐业"的积极态度，审慎面对每一位房主的信任委托。纯熟深厚的工艺基础，来自对于细节的淬炼与坚持，实用至上的功能安排，透露着居住者的生活习惯与性格偏好。无论是面对三代同堂之间的品位分歧，还是在无法尽情挥洒的小空间格局中，都能投入功能随形的创意，巧妙构思满足每位家庭成员的实际所需。

Case Data

坐落位置／新北市•中和区

空间面积／132㎡

格局规划／玄关、客厅、餐厅、厨房、书房、
主卧室、次卧室×2

主要建材／灰镜、梧桐木皮、锈蚀砖、烤漆、
铁艺、实木、艾丁挂、人造皮革

Classic Scene

人文风尚 再现经典场景

从事旅游业的女房主总是走在潮流的尖端，对于生活品位有着敏锐的嗅觉。设计师辅以丰富的媒材进行精心铺陈，刻画内敛时尚的空间魅力，按照起居需求推导出功能随形的动线逻辑，重新诠释开放格局下的视界关系。

经典偶像剧般的风格设定，平衡了美感与功能的和谐比例，既使无法拥有来自星星的你，也能入住来自星星的场景。

Design Point
设计重点

1. 以大理石水冲面作为空间主景，配合烤漆铁艺的质感细节。

2. 通过上下映射的光晕效果，格外加深板岩砖所呈现出的立体层次。

3. 融合现代时尚的线性元素，注入细腻雅致的人文内涵。

得比空间设计 侯荣元

得奖记录
荣获2013年第三届幸福空间亚洲设计奖【古典美学组-杰出设计奖】
• 破解格局 时尚新古典宅邸（上）

Cordial and Sincere

珍惜所托 · 圆梦幸福

"将心比拟、珍惜所托、幸福圆梦"是设计总监侯荣元奉为圭臬的理念。设计总监侯荣元认为，好的设计是一种细水长流的品位与感受，有些纵然第一眼散发极致华贵的风采，但真正能引起共鸣、经典隽永的依然是以人为起点，令人能够放下所有防备，单纯感受生活美好的设计。

人与生活是空间的构成元素，任何设计的出发点都需回归到"人性"。侯荣元极为注重与顾客交谈互动的过程，用心聆听、找出最深层的需求与想法，依此建立空间的扎实内在。因为有了生活态度的实践与连接，设计不再是一种华贵张扬的表象，而是自然且能传递历久弥新的价值。

本案中设计总监侯荣元洞悉色彩搭配逻辑与时尚媒材特性，从中选择能呼应居住者身份与性格的元素，将个人的精神品味融入设计表现，整合出专属的时尚新古典表情。充分的换位思考之下，让居家空间真正与人密切结合，其设计的价值与美好，如实反应在新生活的体验与享受之中。

Case Data

坐落位置／新北市•永和区

空间面积／149㎡

格局规划／玄关、客厅、餐厅、厨房、书房、主
　　　　　卧室、儿童房、客房、卫浴

主要建材／舞鹤米黄大理石、手刮木皮、贝壳
　　　　　板、烤漆、灰镜、罗马洞石、线板、
　　　　　定制壁纸、绷皮革

Oriental Neoclassical

跨越文化界线 激荡东方新古典

以身披红盔甲的刀马旦作为开场白，"东情西韵"为出发点，将西方新古典的气派优雅、东方风情的含蓄动人表现得淋漓尽致。考虑到住宅风水，除了针对格局进行调整外，沙发背景墙则使用画家手绘的花鸟丝绸壁布，并在文昌位上题字，既呼应东西方撞击的风格主轴，又成为视觉亮点。

在兼容并蓄的设计思维下，线条与媒材依循"东情西韵"的美学精神，或繁复，或内敛，激荡出跨越文化界线的风格美感。

Design Point
设计重点

1. 按照风水师提议调整格局，并在文昌位上题字，在美感修饰下成为亮点。
2. 餐厅拥有强大的收纳设计，展现功能与华丽的完美并存。
3. 在新古典的框架下，美式与低调奢华自成独立表情。

陶玺空间设计事务所 林欣璇

Comfort in Aesthetics

自然舒适的美宅经典

利用温和协调的色彩层次，描绘空间中的精彩故事，利落简约的线条笔触，勾勒着功能美感的理性平衡。陶玺空间设计事务所强调人文意念的创新与突破，贴心设想房主的需求习惯，以细腻感性的思维逻辑，编织着居住者对于家的想象及渴望。

勇于接受挑战，希望营造出专属的舒适气氛。设计师不受限于格局框架与屋况条件，大胆而果断地动线安排，以开敞流畅的功能关系，铺陈出自然舒适的美宅经典。

大至主题用色的比重拿捏，小至特色软件的搭配点缀，亲力亲为的专业态度，源自于视如己出的同理感受。仿佛童话绘本般的居住场景，仰赖于妥善规划下的收纳安排，不浪费柱体、管道间与畸零角落的任何空间，采取 "化整为零" 的功能整合，发挥空间面积的最佳弹性。也是由于对于生活美学有着那份独特的坚持，才能让别出心裁的设计创意随处可见。

England Countryside

遇见英伦乡村风景

坐落位置／基隆
空间面积／158㎡
格局规划／客厅、餐厅、厨房、主卧室、
　　　　　儿童房、书房
主要建材／色玻璃、意大利复古地砖、铁
　　　　　艺、海岛型木地板、文化石

将两户合并，规整出使用空间的最大值，并注入浓浓的英伦乡村风尚。从玄关进入，彩绘玻璃与铁艺拼构出穿透感屏风，同时化解风水禁忌。客厅与书房规划于同一面向，并以短墙与天花板的灯带，清楚划分区域属性，也消弭了梁柱所带来的压迫感。

强调对于美感的全心投入，抓住身边每一个细微的感动，让房主与空间产生相互依存的情感脉络。

Design Point
设计重点

1. 玄关地砖有着 "热情光芒" 的寓意内涵，也一并做出区域界定。

2. 仿壁炉造型的装饰墙，成为陈列收藏的最佳展示平台。

3. 兼具美感的功能布局，收纳柜采用欧式线条细腻勾勒。

张馨室内设计/瀚观室内装修设计 张馨

The Storyteller

手绘女王的582美式古典基因

　　室内设计师的理性思维，融合绘本画家的感性细胞，张馨设计的美式古典空间，总有着和谐、舒服的生活氛围，是一种无法复制的温度与味道。在与客户进行沟通的过程中，张馨总能在短短的交谈中，洞悉房主心中最深层的想法与喜好。她总说，即使是一脉相承的欧美居家风格，如果能试着去了解住在这个房子里的人，主人翁的背景、个性、爱好与生活习惯，再重新思考一遍居家场景生成的缘由与逻辑，往往能够发现更动人的故事。

　　张馨独创的 "582设计理念"，其意义是找到空间的生命力和呼应居住者的质感。每一个空间的初始轮廓，都拥有通透、纯净的基底，在人与时空背景的淬炼下，加入了家具、画作、花艺等软件，让信手拈来的优雅气质注入其中，这些个性化、与众不同的风格基因，形成了久看不腻的住宅空间。当张馨开始着手设计时，她总会为居住者讲故事，讲属于他们的故事；每一个作品的背景、每一个赏心悦目的角落，都能引起共鸣，因为这是一个有主人翁味道的家。

三个女人的家　美式复古温馨宅

Dream House

Case Data

坐落位置／新竹

空间面积／267㎡

格局规划／玄关、客厅、餐厅、厨房、书
房、卧室×3、卫浴×3

主要建材／喷漆、线板、石材、定制家具

刊载于欧美杂志封面的居家设计，总是散发一种浑然天成的淡雅与纯净，温暖迷人的生活场景中，有着令人难以仿效的柔和质感。本案是张馨为三个女人打造的美式居家，无论经过客厅、餐厅还是任何角落，都能明显感受到流畅干净的色调与美感。其中更为重要的是，融入了中国风定制品与花草盆栽，妆点出与姊妹气质相呼应的优雅知性。

有着深邃层次感的空间关系，每当客餐厅之间的玻璃门关起时，视觉望向漂亮的古典画框，美丽的欧美餐厅就如欧美居家杂志的封面般，让人打从心底觉得赏心悦目。

Design Point
设计重点

1. 精确掌握色彩的浓淡与线条比例，打造欧美杂志封面般的居家风格。

2. 点缀于室内的绿意盆栽，让喜爱花草的姐姐，可以快乐地莳花弄草。

3. 独家设计、定制融合西洋美学的东方屏风，是餐厅中的一大亮点。

咏翊设计股份有限公司　刘荣禄

咏翊设计股份有限公司设计总监
2014亚洲大学室内设计系兼任讲师
国际享有盛名的荷兰杂志-FRAME连续两届作品刊登

得奖记录
2014 年德国红点设计大奖【产品设计类 室内设计奖】
2014 年第九届上海国际室内设计节金外滩奖【办公空间组优秀奖】
2013 年TID台湾室内设计大奖【工作空间设计奖】、【入围空间家具奖】
2013 年第三届两岸四地设计交流大赏【商业空间组银奖】
2013年 Idea-Tops艾特奖国际空间设计大奖【公寓设计入围奖】、【陈设艺术入围奖】、【办公空间入围奖】
2013 年中国室内设计金堂奖年度最佳十大作品【休闲空间组设计奖】
2013 年中国室内设计金堂奖年度优秀作品【办公空间组优秀奖】、【住宅公寓组优秀奖】
2013 年第八届上海国际室内设计节金外滩奖【办公空间组优秀奖】
2012 年TID台湾室内设计大奖【工作空间设计奖】
2012年第二届两岸四地设计交流大赏【商业空间组银奖】
2012年 第十届现代装饰国际传媒奖
2012 年陈设中国晶麒麟奖【空间组优秀奖】
2012年Idea-Tops艾特奖国际空间设计大奖【会所设计】、【光环境设计】

Aesthetics
Temperament

从宏观大气角度
细腻擘画由内而外的气质美学

对于设计，在刘荣禄设计师眼中，功能、舒适与收纳，是空间设计的基本功，另外要给予的应该是由内而外的美感深度，这并没有绝对的标准，需通过深入了解业主的需求与个性，引导客户理解好的东西与适合的设计，配合人、事、时、地、物等条件，做出合宜的规划，定制出专属的美感体验，这也是设计师的专业与价值。

专业的美学知识与工程实战经验，淬炼出刘荣禄设计师在美学、建筑与空间设计方面的空间气质，不仅主导国内各大豪宅规划，更多次获得国际大奖的肯定。与客户进行平面配置时，除格局动线安排外，还涵盖了家具、家饰软件等细节规划，每一个空间角落，都有完善的缜密规划，打造大气、利落的线条格局，达到功能至上的美学概念，使居住的空间也能成为生活品位的展现。

Restrained Luxury

精准内敛　奢华质感

本案房主期待的是简约且富有时尚灵魂空间风格，因此，在基底铺陈上，设计师刘荣禄在立面处以钢烤与银狐大理石净白错落，让每件家具犹如精品点缀般带出聚焦质感；另外，考虑到空间使用时的便利与人性化，全室皆采用自动化控制系统，让生活充满科技应用的美好。

Case Data

坐落位置／台北市•天母　　　　空间面积／330㎡

格局规划／玄关、客厅、餐厅、厨房、视听室、书房、主卧室、客房、儿童房×2、卫浴×3、阳台

主要建材／大理石、马鞍皮、钢琴烤漆、橡木染白、橡木染灰、铁艺、镜面

跳脱原有的尺度规划，以逻辑与动线为出发点，放大主要空间，进而提升梯厅运用性能，营造浑然天成的进门气势。

Design Point
设计重点

1. 地板处的荷兰风线条，对应廊道端景的开门比例，变化出面块关系。

2. 考虑到面宽气度，通过局部的镂空穿透演绎现代主义表情。

3. 法式调性与现代利落结合，营造优雅的睡眠环境。

汤镇权空间设计事务所 汤镇权

得奖记录
荣获2011年第一届幸福空间两岸四地设计交流大赏【优良设计奖】
• 用阳光 打造自我Villa居宅

The Best Choice

老客户首选·信任打造安心之家

"其实居家设计最大的区别，不只是个性化，而是要针对房主的个性，给他一种宁静、自在"，汤镇权阐释着30年来内敛的艺术概念。

除了营造气氛外，深入到生活习惯的改变，更是汤镇权设计的魅力所在，例如，一个居宅设计中，虽然空间里拥有完整的餐厅区域，却因为动线规划不佳，导致房主一家人吃饭时只能窝在客厅，而汤镇权

介入设计之后，通过精巧的动线规划及对人性所需的观察，让餐桌巧妙地变成了家庭的快乐核心。

另外，为了保障房主的权益，每个案例汤镇权设计皆会进行投保，并配上详尽的施工规范和验收查核单，就漏水问题，更贴心推出三年防水的保固承诺，种种负责之举，也解释了他总能历久弥新得到客户的信任与喜爱和拥有九成回头客的小秘密。

Personal Taste

都市一隅 享受自我品味

Case Data

坐落位置／台北市•南京东路

空间面积／149㎡

格局规划／客厅、餐厅、开放式厨房、主卧室、
更衣室、客房、卫浴

主要建材／染色胡桃木、黑檀木、天然石片、灰
玻璃、木百叶、木纹砖

以居住本质为中心，4年的老房子经过设计师汤镇权的改造，重现内敛现代美学。在"一"字形串联而起的客、餐厅空间，利用深色立面划分公私区域动线，低高度的家具选用，则巧妙地化解了视觉滞碍，延伸、通透之间，尽享都市巷弄中的自我品位。

介于都市住宅和大气豪邸之间的微妙定义，通过契合人心的设计，投射居住者品位的生活空间。

Design Point
设计重点

1. 通过虚实相间的隔断设计，让光影和视觉有了穿透性的延伸对话。

2. 纵向的线条和天然石片，不但简约美丽，也解决了灰尘堆积与清洁问题。

3. 深入了解居住者的生活习惯，轻松规划出展现个性品位的衣橱空间。

Considerate Boutique Aesthetics

零误差沟通·幸福住宅新哲学

对于现代人而言，家不再只是遮风避雨的容器。从绿川空间设计的作品中，我们发现，理想的格局、动线与功能规划，不但可以使生活变得得心应手，更能发现呼应居住者气质的风格表现，让空间成为美学与品位的延伸。亲切好相处的张芷融设计师，向来习惯建立浅显易懂的沟通模式，将牵涉层面广泛的设计与施工专业，转化为平实且容易理解的语言，耐心解说整个居家蓝图，进而缩短装修常见的认知差异。

"生活得越久，东西只会越变越多、越来越凌乱。这时候如果没有良好的收纳和分类计划，房子的美丽肯定维持不久。"张芷融设计师从家庭成员、生活习惯、功能需求开始切入，她认为对生活直接影响最大的，就是不够周全的收纳规划。因此，在绿川空间设计的居家案例中，总能发现张芷融设计师活用木作与组合家具，事先考虑好清洁、耐久性、易收纳三大方面，巧妙变化出既有美学存在感，又能让生活用品变得井然有序的实用功能。

为了体现居住者的品位和喜好，生活美学的经营自然不能忽略。张芷融设计师仔细聆听与感受居住者的特质，精确掌握装修预算范围，从照片举例或言谈透露的偏爱风格中，进一步加入专属的设计元素，为居住者量身打造最幸福的质感居家。

Dream Castle

三口之家的梦想城堡

Case Data

坐落位置／高雄

空间面积／132㎡

格局规划／玄关、客厅、餐厅、厨房、书房、主卧
室、更衣间、卫浴×2

主要建材／大理石、实木、玻璃、线板、实木拉
门、组合家具、镜子

回归以人为本的设计哲学，深入分析居住成员的现况与未来蓝图，通过理想而周全的功能规划，满足一家人对于格局、动线及收纳量的期待。在美学品位的营造方面，省略了华丽冗赘的元素，代之以美式轻古典为基础，让优雅细致的线条和比例，构筑浓淡相宜的幸福场景。

以居住者梦想中的房子为出发点，把握美学与实用理念的平衡，在日光流动的氛围中，美好的生活风格油然而生。

185

Design Point
设计重点

1. 以水波玻璃与雕花板界定玄关与客厅功能，让光影流动于镂空之间。

2. 沙发背景墙刻意不做满，让视觉穿透延伸入书房空间，带出轻盈无压感。

3. 卧室的收纳门上，精选进口陶瓷裂纹的铜制把手，每一次使用都是质感享受。

演拓空间室内设计 张德良 / 殷崇渊

得奖记录
荣获2013年第三届幸福空间亚洲设计奖【古典美学组-银奖】
• 南港世纪汇 苏公馆

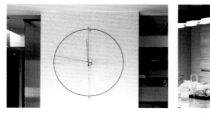  

Crafting the Considerate House

每个家都当自己家的暖心设计

在演拓设计的作品案例中，很少看到拉长的延长线、找不到收纳区的生活杂物，或者因过度使用而难以清理的隐藏门。不拘泥于常规的居家功能样式，作品空间中的每一格收纳、每一道隔断，都蕴含着张德良设计师对居住者贴心的设计思考，这些思考有些来自于房主的生活故事，但更多的是来自对房主的居家习惯调查，以及"总是能比房主想的更多"的功能思考。

在张德良设计师亲切友善的笑容背后，有着对居住空间规划的坚持与用心。累积近20年的工程经验，特意将正确的施工流程、工法及容易忽略的工程细节，编撰成一套缜密的"标准作业程序"(SOP)，让工程人员能够按部就班地实践于装修过程中，提高房屋功能的实用性与耐用度。通过完全体贴使用者的功能规划、细致的专业施工，进一步改善居住者的生活环境，创造便利收纳、容易整理的居住空间。秉承"设计让生活更美好"的初衷，提供给房主"不后悔"的装修设计。

Thoughtfully Home

定制长青族暖心的家

Case Data

坐落位置／台北市•内湖区

空间面积／152㎡

格局规划／外玄关、内玄关、书房、客厅、餐厅、厨房、储藏室、主卧室、次卧室、阳台

主要建材／锈石、美耐板、浪纹玻璃、木皮、茶镜、木头镭雕、强化玻璃

在80岁以上居住者的空间规划中，地面采用完全无高低差的无障碍空间设计处理，风格上以清爽舒适的生活主调，在大面积日光铺展的开放格局中，引导自然材质在空间内的铺陈；石料纹理在空间中辅以光影，映衬不造作的生活态度，木皮暖度则为空间加温，创造温馨感受。

从购房开始便托付给张德良设计师经手，通过了解屋况，在装修前后提供完善的全方位服务。

Design Point
设计重点

1. 窗前的几何雕刻屏风，成为玄关进入空间的端景造型，同时兼顾风水考虑。

2. 完全无高低差的无障碍地面设计，以材质划分区域。

3. 量身设计的贴心收纳，藏入空间的美感立面中。

4. 利用房子先天的采光优势，创造明亮舒适的生活居家。

境庭国际设计 周靖雅

个人经历
中国科技大学室内设计系讲师
得奖记录
荣获2012年第二届幸福空间亚洲设计奖【古典美学组-优良设计奖】
* 异材质精致混搭 轻古典度假宅

Exquisite Plentiful Mashup
异材质混搭·居住空间造型师

空间绝对不是单一风格的完成，而是通过精致的手法、丰富的材质搭配、使用色系的平衡，融入现代、极简、日式或古典等多种风格元素，精准规划空间的视觉美感，营造出别致的空间细节，让家中的每个立面都有多样的质感层次，这般宛如魔法的设计手法，让境庭设计的周靖雅设计师被赞许为"居住空间造型师"。

对周靖雅设计师来说，混搭只是一种美感的表现手法，并非是设计上最关注的重点，她曾说："我们擅长混搭设计，但我们更重视空间的量身定做"，在精致混搭的层次背后，其实有着更多设计师对于业主生活想法的思考，无论是生活习惯还是色彩偏好，许多的空间细节都纳入了房主的个人风格。另外，她也强调设计与施工团队的"分享精神"，通过创意的交流与汇整，让境庭设计的设计团队，不被单一的形式框架局限，而是保持源源不绝的创新手法与设计灵感，创造出一个个令人惊艳的居家生活场景。

Double Happiness

完美混搭双拼共享宅

Case Data

坐落位置／新北市

空间面积／198㎡

格局规划／玄关、客厅、吧台、热炒区、餐厅、
书房兼客房、主卧室、儿童房×2

主要建材／大理石、线板、壁纸、雕刻板、镜
面、银箔画框、皮革

精选多元媒材，在空间中串联成景，以高雅成熟的奢华质感，混搭出与众不同的新古典风情。进门处以贝壳板、壁纸、银箔画框制成屏风，营造精致典雅的第一印象，接着通过斜角巧妙构思，拓宽过道动线与视野，大气衔接赏心悦目的居家情景。

线板与角花提升空间装饰层次，温润地和大地色环境搭配，加上光影表情显得更为精致动人。

Design Point
设计重点

1. 大地色系的空间中，融合多元媒材，完美演绎混搭美学。

2. 河畔风景是本案的亮点，客厅、餐厅、房间都纳入旷达风景。

3. 改变原来的格局，将厨房空间划分为贴近需求的热炒区和吧台。

对场作设计有限公司 李胜雄 / 张育馨

Home Value Projection

低调淡丽·回归家的本质

不同于一般的设计，以视觉装饰为出发点，将功能性作为设计的大前提，在深入了解居住者的行为与日常生活模式后，归纳出相对应的空间功能，成就"低调淡丽"的空间美学，这就是对场作设计清新且迷人的风格。

工作之外，经营者李胜雄和张育馨还拥有一对宝贝女儿，夫妻的亲密组合让对场作设计在规划居宅空间时，有了更多难能可贵的"同理心"，不仅在预算上能为房主贴心分配，在设计上，即使是一间儿童房，在大玩童心设计之余，也同时兼顾了安全与实用性。

"家，未必要奢华，重点是要能投射家的本质"是对场作设计所实践与秉持的崇高定义。

Macarons Fairy Tale

撞色　美式世界里的马卡龙童话

Case Data

坐落位置／新北市・汐止区

空间面积／158㎡

格局规划／玄关、客厅、餐厅、厨房、书房、主卧室、
更衣间、儿童房、卫浴×2

主要建材／灰网石大理石、美式线板、栓木钢刷木皮

一层双户的新房里，以优雅的美式风格为灵魂。漫步在空间廊道上，可见白色线板以双向并排铺陈，架构出足量的收纳柜；而经典的格子窗框元素，则以展示柜或书房开门呈现，以马卡龙点缀的缤纷沙发，活泼撞出房主品位。

儿童房内安排夸张的造型落地窗帘盒，搭配蓝天、草地木作意象，童年记忆有了超现实的幸福感。

Design Point
设计重点

1. 公共区域中以净白色系为基底，让房主亲挑的马卡龙色系沙发缤纷撞色。

2. 运用双开式玻璃格子门作为书房动线入口，演绎美式氛围。

3. 儿童房内舍弃常规的衣柜安排，以木作设计带出活泼童趣意象。

Life Attitude
低调时尚·型男态度

堪称经典的时尚潮流，掌握在不间断的创新与自我突破中。潘子皓设计师尝试融合理性材质与感性诉求，通过缜密思考推导出空间逻辑的最佳形式，注入匠心独具的美学涵养，聆听着居住者与空间的内心对话。不受限于风格品味的框架限制，让房主个人的魅力特质，能够逐一反应在不同的情境片段中。精湛而纯熟的工艺细节，仰赖绝佳整合的能力表现，历经反复的淬炼与累积，回馈家的真实温度。

刚柔并济的平衡思维，搭配层叠有序的构面发挥。拿捏精准的线条比例，刻画极具张力的轮廓表情，强调"功能先行"的美学精神，让原以为只能一昧单纯的收纳量体巧妙藏于视觉造型中。极富节奏韵律的用色笔触，凸显出居所场景的迷人性格。挥洒自如的媒材运用，透露着与众不同的质感深度。适度模糊地域关系，让格局划分有着更加弹性的丰富可能。不论是利用玻璃、拉帘，还是环状安排下的开放动线，都以打破常规的方式演绎，利用设计创意营造低调时尚的生活态度。

Yuppie Fashion

新人文风 时尚雅痞宅

Case Data

坐落位置／新北市•林口区

空间面积／149㎡

格局规划／客厅、餐厅、厨房、书房、主卧室、更衣室、次卧室、卫浴×2

主要建材／水波纹玻璃、环保绿建材、大理石、铁艺、抛光石英砖、烤漆玻璃、镜面玻璃、进口QS超耐磨木地板、喷漆

数条等高的水平基线，在不同界面的延伸与转折间，展现形与质的精彩对话。以不同明度的石材、镜面、铁艺，与白色烤漆相形成景，细腻搭接的简约时尚衬托工艺美感。同时让新人文的风格理念潜伏其中，引申居住者本身的品位与设计诉求。

为营造出轻松自在的互动情境，设计师以通透的玻璃屋形态，让书房与周围空间逐一相融。

Design Point
设计重点

1. 材质的虚实与立体层次，是场景架构中的一大亮点。

2. 宽350cm的活动式灰玻璃，作为随兴转换客、餐厅之间的界定因子。

3. 简约清爽的用色笔触，通过巧妙构思改变每个生活场景的使用心情。

Design Notes 锦佑室内设计 林洋／Tina

Flexible
Meticulous
Intimate

用心聆听居住者对生活的品味

纵观锦佑设计的设计案例，很难发现有雷同的风格元素或设计手法，或者说，似乎没有林洋设计师做不出来的风格，而在这些作品中反复出现的，是其一贯的用心与细腻。

擅长别墅的设计与规划，在大面积的空间中，比例的掌握与空间的妥适分配尤为重要，针对不同功能空间与房主各自的生活习性，从收纳的安排到未来可能的变动都细细斟酌。从房主与林洋设计师沟通的过程中，可看见其对于房主意见的重视，而适时提出的建议，更是多年设计经验积累的精辟见解，往往能将房主的需求更合理地纳入生活功能。也因此，完成了现代利落的自然材质了带有优雅气质的古典风格、浪漫温馨的乡村风情等各式各样的设计作品。

另外，针对有小孩的家庭，设计师尤其重视健康的空间设计，空间的采光与通风为空气质量的基础，在空间规划上也是优先考虑的重点，然后是无毒环保的建材使用，零甲醛的板材漆料与防尘螨的遮光百叶窗，从而为居住者创造最安心的"家"。

Design of Goodwill

给宝贝的北欧安心居家

Case Data

坐落位置／台北市•内湖区

空间面积／122㎡

格局规划／玄关、客厅、餐厅、厨房、游戏室、主卧室、儿童房、卫浴

主要建材／意大利进口手工地板、杉木、木皮、大理石、百叶窗

为宝贝创造一个无甲醛、无尘螨以及无障碍的成长环境是房主的梦想。在居家风格设计上，为了个性化铺陈出房主喜爱的北欧表情，在白色基底中搭配原木色彩，并以黑色调点缀，突显其变化性。

以安心与开心为思考的家，不仅有健康环保的选材用料与安全的动线，更有温馨童趣的设计表情。

Design Point
设计重点

1. 打造公私区域平整的地面，让宝贝自由、安全的活动。

2. 选用无甲醛板材与漆料，无毒又安心。

3. 全室开窗皆采用百叶窗，解决尘螨问题。

澧富空间设计公司 黄豪程

Detail-oriented Humanistic Professional

致力打造居住者的完美品味生活

　　拥有10年以上经验的黄豪程设计师，在工作时认真又有亲和力的态度，一直被许多业主所肯定，在被问及如何创造完美的居住空间时，他深思熟虑地说："唯有不断地吸收新知识，与业主双向沟通，通过专业完整的建议，才能达成空间环境的完美平衡。"

　　或许就是因为以上的信念，澧富空间设计一直致力实践"新空间概念"，除了用心思考使用者的需求外，也提倡使用环保建材，提供健康无压、通风良好、采光优美的生活环境，并且以人为出发点，让空间的风格与功能，因业主的需求衍生出更多的可能性。

　　擅长住宅别墅、商业店铺、办公空间等的空间规划，通过有形的形象，无形的光、影、质感、色调等元素，结合用户的风格品位及符合比例与使用需求的功能规划，让每个案例都有其独特的性格与特色，并营造舒适的空间感度，让使用者每时每刻都能感受到与生活空间对话的幸福。

ArtisticDemeanor

艺术装饰构筑新古典宅

Case Data

坐落位置／高雄•澄清湖

空间面积／198㎡

格局规划／玄关、客厅、餐厅、书房、主卧室、男孩房、女孩房、浴厕×2、阳台

主要建材／灰网石、秋海棠大理石、灰镜、艺术琉璃、大理石拼花、线板、新古典家具

坐拥澄清湖美景的198㎡大宅，希望营造新古典的精致贵气，但又不希望过于华丽的装饰元素盖过舒适的生活尺度。澧富空间设计利用深色石材与白色柜子进行铺陈，搭配蓝紫色绒布镶嵌银箔框的新古典家具；以冷色调为主的空间，穿插使用暖色碎花壁纸与抱枕，加上琉璃、画作等艺术品的妆点，呈现空间低调的质感品味。

由客厅望向玄关，墙面延续至储藏室门外的立面整体，三幅挂画实为梵谷名画「麦田里的丝柏树」的拆解。

Design Point
设计重点

1.天花板的立体层次，化解了吊隐式冷气、大梁、消防洒水外露等问题。

2.拆除原格局中无使用需求的佣人房，分配给厨房和玄关。

3.稍稍调整主卧与次卧的开门位置，规划出合理的收纳空间。

丰聚室内装修设计 黄翊峰／李羽芝

Humanities
Custom-made
Tasteful

如多年好友般的舒适设计

　　仅仅是浏览丰聚设计的居家作品，那些怀旧的简约风格、浪漫的古典线条、温润的木质居宅或开放的美式居家，空间中的风格取向、功能安排、材料质量，无不透露着房主的性格与生活细节，让人觉得居住者是一个熟悉的好友，或者说这般错觉便是"设计"将功能与美感重新编织为友善使用的居住空间。

　　黄翊峰与李羽芝设计师，擅长 "人文概念"的设计手法，以人为出发点的规划思维，在功能上以使用方便、生活习惯为优先，在风格上充分考虑房主的性格与生活背景，量身定做、因地制宜，由最细腻处到整体视觉，通过专业的规划与施工，让空间与生活融为一体，创造完全适合居住者生活的独特空间。

　　如此贴心细腻的创作，凭借的不只是经验与创意，"倾听与沟通"更是丰聚设计重视的环节，不拘泥于风格的窠臼，将房主的每一个想法与需求，都视为创意发想的起始，从现代纾压简约风格到优雅舒适的新古典空间，每件设计作品都具备绝无仅有的生活氛围。

Elegant Gestures

法式新古典的优雅姿仪

Case Data

坐落位置／台中市

空间面积／409㎡

格局规划／B1：起居视听室　1F：客厅、餐厅、厨房

2F：主卧室　3F：男孩房、女孩房　4F：男孩房

主要建材／线板、大理石拼花、烤漆、木作、绷布、镜面

"淡淡悠蓝的新古典浪漫，回韵着让人贪恋的华美内涵。 ”重新思考格局配置的合理逻辑，推导出利落流畅的起居动线，并在房主偏爱的新古典基底中纳入美感醇厚的古典风格元素，采用蓝灰色调装饰的壁面主题，循序铺陈出空间层次中的视觉韵律。

有别于新古典中常见的华丽元素，清爽的淡蓝色铺陈出优雅法式风格，浪漫的空间气质让人着迷。

Design Point
设计重点

1. 独立电视墙开启一体两面的厅区关系，顺势调整合适的收视距离。

2. 地面区域的隐性划分，构成功能情境的明确界定。

3. 采用蓝灰色调装饰的壁面主题，循序铺陈出空间层次中的视觉韵律。